毎日食べたい 5倍麹みそ

井上浩義 監修
慶應義塾大学医学部教授
理学博士・医学博士

松田敦子 著
みそコンシェルジュ・予防医学指導士

時事通信社

はじめに

私は20年以上、京都を中心にみそ作り教室を続けています。

そこで教えてきたのが、本書でご紹介する**「5倍麹《こうじ》みそ」**です。

大阪の兼業農家だった実家の母が作っていたみそを現代の生活でも作りやすいように工夫したもので、**大豆に対し5倍の量の米麹を使って発酵・熟成させる**みそです。

仕込んでから**最短2週間**で、香り高く旨みたっぷりのみそが完成します。


私が5倍麹みそを作り始めたのは、子育てがきっかけでした。

肌が弱い長女の症状が改善されないことに悩む中で発酵食の大切さを知り、**実家の母がいつも作ってくれていたみそ汁**を思い出し、母に教わりながら自分でも作ることにしたのです。


ある日、子育て仲間から「みそ作りを教えて欲しい」と言ってもらったことがきっかけで、このみそをシンプルな作り方にした形で近所の方々に教えるようになりました。以降、口コミで5倍麹みその話を聞いた方々からも依頼をいただくようになり、気が付けば全国各地で2万人以上の方々にみそ作りをお伝えしてきました。

5倍麹みそを作り食べていらっしゃる方からは
「毎日の**みそ汁がおいしくなった**」

「自然な甘みがあり、**生みそでも食べやすい**」
「**便秘**が改善した」
「**よく眠れる**ようになった」

などの感想を毎日のようにいただきます。

長年作り続けている私自身、家族と自分の体質改善を実感しているだけでなく、料理からおやつまで、どんな食材もおいしくしてくれるこのみそに魅了され続けています。

本書では、そんな5倍麹みその**作り方からおすすめの食べ方**まで、余すところなくご紹介できればと思います。

みその**健康効果**については、5倍麹みそを作って食べていらっしゃる慶應義塾大学医学部教授の井上浩義先生に詳しく教えていただきました。

5倍麹みそを作り、**いつまでも心身ともに豊かな健康生活**を始めてみませんか？

みそコンシェルジュ®・予防医学指導士　松田敦子

CHECK!

5倍麹みそのここがすごい!

全国各地に愛食者のいる5倍麹みそ。みそ作りは初めてという方や挫折した経験のある方にもおすすめしたくなるメリットがたくさんあります。

MERIT 01

2週間でおいしく熟成! 風味豊かな手作りみそが短期間で楽しめます!

手作りみそのハードルを上げてしまうのが熟成期間の長さ。半年以上寝かしているうちに「カビが生えた」という方や、「もっと早く食べたい」という方も少なくありません。5倍麹みそなら2週間程度と一般的なみそより大幅に短い時間で食べ始めることができます。

MERIT 02

医学博士もおすすめする カラダとココロにうれしい 健康的なみそ!

5倍麹みそは、大豆に対して5倍の量の米麹を使って発酵・熟成させるみそです。おいしいだけでなく、食物繊維やポリフェノールなどによる〝快腸〟・リラックス・生活習慣病予防といった健康効果も期待され、慶應義塾大学医学部の井上浩義教授も推奨しています。

MERIT 03

自然な旨みとコクで食べやすい！ 生でそのまま食べておいしく色々な料理・スイーツにも使えます

手作りみそを作ったけれど「塩辛過ぎた」という経験はありませんか？ 5倍麹みそは、米麹を多く含み、自然な旨みとコクがあります。みそ汁や普段のお料理はもちろん、生みそで食べてもおいしく、お菓子作りや、野菜などを漬けるみそ床にも使えます。

MERIT 04

専用の道具は不要！ みそ作り初心者でも作りやすいレシピです

5倍麹みそ作りで主に使うのは「手」。あとは、普段お使いのお鍋やボウル、保存容器等があれば大丈夫です。適度な水分量で、タネを丸めたり詰めたりといった仕込み作業がしやすいのも魅力。初めてみそ作りをされる方にもおすすめです。

MERIT 05

熟成期間の長さ次第で自分好みの味に。数キロまとめて仕込んでもＯＫ！

5倍麹みそは、熟成度合いで変化していきます。初めは白みそに近いやさしい色合いですが、長く熟成させると、次第に赤みそのようになり、風味の変化を楽しめます。季節を問わず作れますから、好きなタイミングでまとめて作るのも良いでしょう。

毎日食べたい5倍麹みそ　目次

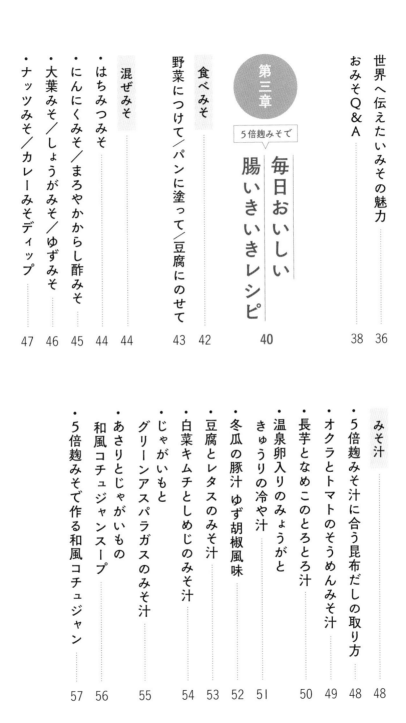

みそコンシェルジュ®・発酵コンシェルジュ®とは

みそや発酵食品の基本知識を備え、食する・調理するだけでなく、効能・健康美容効果を予防医学的な立場から伝えていく専門的な資格です。

調理中も読みやすい！

本書は、見開きの中心まで
しっかりと開ける製本を採用しているため、
調理中、本書を開いて置いた状態で
読むことができます。

第一章

5倍麹みそのきほん

※本章では、5倍麹みその基本的な作り方を紹介します。みそ作りは、材料の種類や作る環境によって発酵・熟成の速度や風味等の変動が生じることをご了承ください。

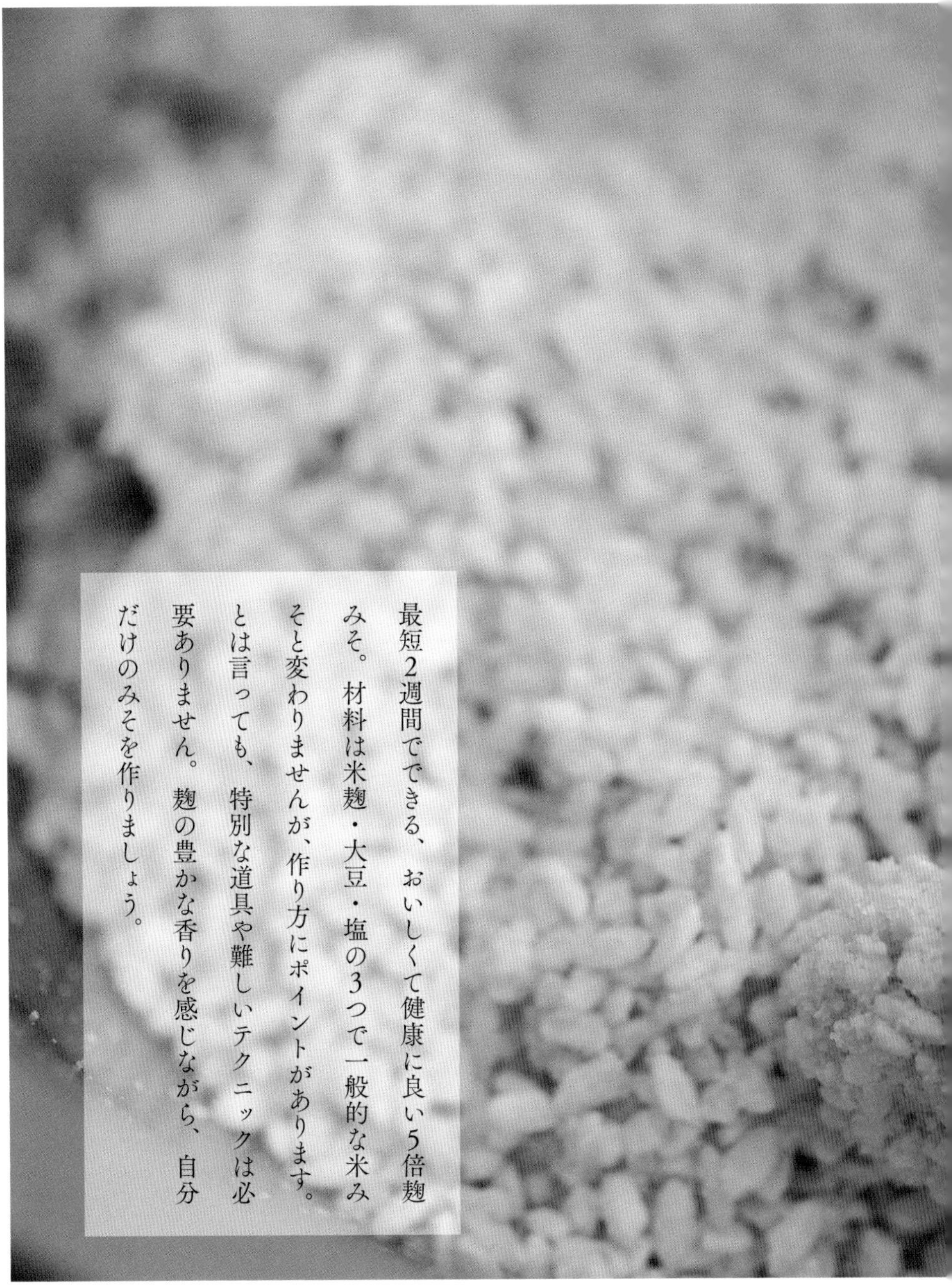

最短2週間でできる、おいしくて健康に良い5倍麹みそ。材料は米麹・大豆・塩の3つで一般的な米みそと変わりませんが、作り方にポイントがあります。とは言っても、特別な道具や難しいテクニックは必要ありません。麹の豊かな香りを感じながら、自分だけのみそを作りましょう。

5倍麹みそを作りましょう

大豆に対して米麹が5倍。大豆と米麹を同じ割合で作る米みそに比べて、かなり多い割合となる米麹を加えて発酵・熟成させる5倍麹みそ。最短で2週間と短い時間で食べ始めることができ、旨みとコクのある味わいが特長です。

ここでは手軽に、約1キロ分の作り方をご紹介します。上手においしく作るために次のコツを押さえましょう。まずは材料選びです。

・**米麹**…米麹には「生麹」と「乾燥麹」がありますが、5倍麹みそにはぜひ「生麹」を使ってください。柔らかくてすぐ使える上に発酵が早いのです。もし乾燥麹しか手に入らなくても諦めないでくださいね。乾燥麹を生麹の様に使う方法もあります（23ページ）。

・**大豆**…中くらいの大きさの黄大豆を選びます。

・**塩**…精製塩ではなく、粗塩を使います。味がまろやかな上、カリウムなどのミネラルを含み、身体が塩分を排出するのを助けてくれます。

次に作り方ですが、特に大切にして欲しいのは「**塩切麹《しおきりこうじ》を作る**」工程（16ページ）です。よく洗った手でしっかりすり合わせましょう。

それでは早速、作ってみましょう。

大豆に対し米麹5倍！

比率	米麹		大豆		塩
	5	：	1	：	0.85

数キロ分作る場合は、材料を同じ比率で増量してください。

材料・用意するもの（でき上がり約1kg ／ 1000mlの容器1個分）

米麹（生）… 500g
大豆 … 100g
塩 … 75g
塩（P.20のふり塩用）… 10g

※みそを仕込む清潔な容器、お玉、ボウル、大豆を煮る鍋、ざる、20cm四方くらいの食品保存用の袋（ジッパー付きが良い、P.17参照）を用意してください。

容器について

容器は、蓋がしっかり密閉できるものを使用します。

透明や半透明のものであれば、仕込みの際にみそに余分な空気が入っていないか確認しながら詰めることができ、たまりが上がってくる様子など熟成度合いも確認できるので、おすすめです。

前日

大豆を浸水させる

大豆を水でよく洗い、水に浮いた豆や虫食いのある豆は取り除きます。大豆をボウルに入れ、5倍程度の水を加えて15時間ほど浸けておきます（夏場は8時間ほどで良い）。

球体だった大豆が2倍ほどの大きさになり、だ円形のお豆の形になったら、しっかりと浸水したサインです。

みそを作る前日から用意しておくと良いでしょう。

大豆を煮る

焦がさないように
注意しましょう。

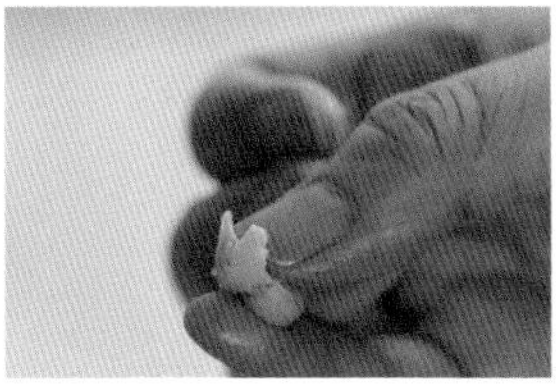

大豆を親指と小指でつまんで、潰れるくらいの柔らかさが、煮加減の目安です。

煮た大豆はざるにあげ、人肌まで冷まします。煮汁は捨てずに取っておきます。

大豆をざるにあげて水を切り、鍋に入れてかぶるくらいの水を加えて強火にかけます。沸騰したら弱火にして、蓋をして3〜4時間煮ます（圧力鍋の場合は、蒸気が出たら弱火で15分加圧し、火を止めたら圧が抜けるまで置く）。煮ている途中、水が減ったら足し、アクが浮いたら取り除きます。

塩切麹を作る

米麹と塩を合わせた「塩切《しおきり》麹《こうじ》」。米麹が潰れてねっとりするまで、両手を使いしっかりとすり合わせるのが、おいしい5倍麹みそを作るためのコツです。

まず、ボウルに米麹を入れて、かたまりがあれば手でほぐします。そこに塩を加え、手で米麹を砕きながら塩を馴染ませていきます。

始めは発酵臭の酸っぱい香りをしていた米麹が、手で揉み合わせるほどに、少しずつ落ち着いた香りに変わっていきます。

ここは少し根気が要りますが、10～15分程、おいしいみそをイメージしながらすり合わせてくださいね。

大豆を潰す

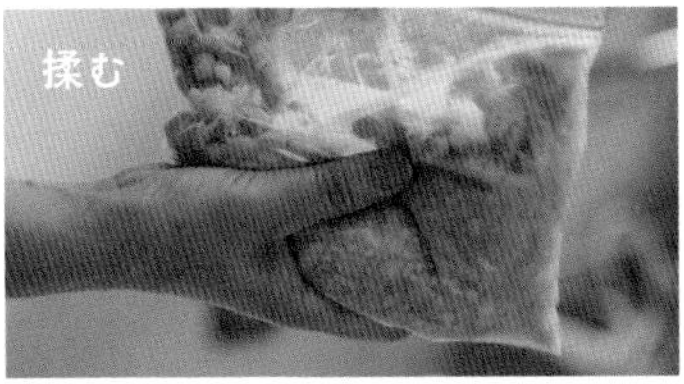

大豆の粒が見えなくなるまで潰してペースト状にする。潰しにくければ煮汁（P.18）を少量加えても良い。

大豆の粗熱が取れたら、食品保存用の袋に入れ、上から押したり揉んだりして手で潰します。フードプロセッサー等を使っても構いません。

右／手をすり合わせたり握ったりして米麹の粒を砕く。 左／軽く握って、米麹同士がくっつくくらいまで続ける。

ボウルの底をかいて、塩の粒がほとんど見えなくなれば、米麹と塩がよくなじんだ証拠。

大豆と塩切麹を混ぜ合わせる

煮汁を全量一気に加えると、タネがゆるくなり、次の工程で丸めにくくなってしまうことがあります。必ず様子をみながら少しずつ加えるようにしましょう。

ペースト状の大豆を、塩切麹を作ったボウルの中に入れ、ボウルの中身全体を上下をひっくり返すようにしながらよく混ぜ合わせます。

大豆の煮汁を少しずつ加え、ハンバーグのタネくらいの柔らかさになり、タネに一体感が出てきたなと感じたら、丸めてタネの状態を観察してみましょう。混ぜ合わせ始めた時に比べて大豆と米麹のつぶつぶ感が目立たなくなり、大豆のペーストに塩切麹が均一に入っている状態になれば、混ぜ合わせ完了です。

大豆の煮汁

煮汁は50～120mlを加えるのが目安。

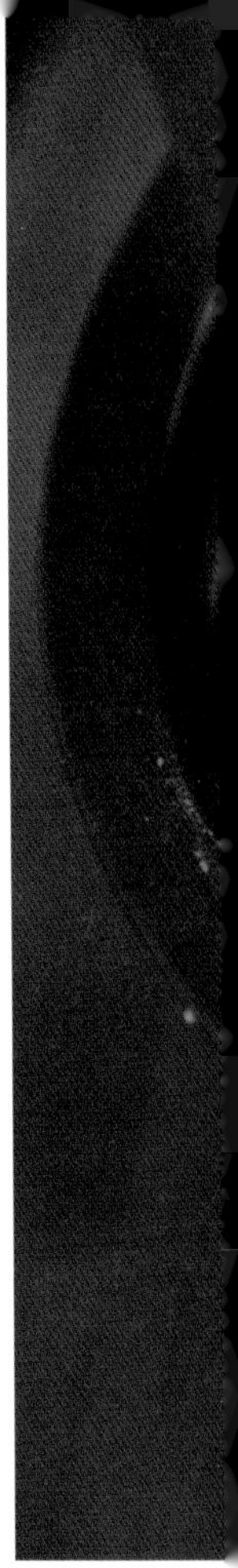

手の平で転がしながら丸めます。

この大きさが目安です！

空気をしっかり抜いて詰める

大きめのピンポン玉くらいの大きさに丸めたボールを作り、一玉ずつ、しっかりと空気を抜きながら容器に詰めていきます。

容器への詰め方

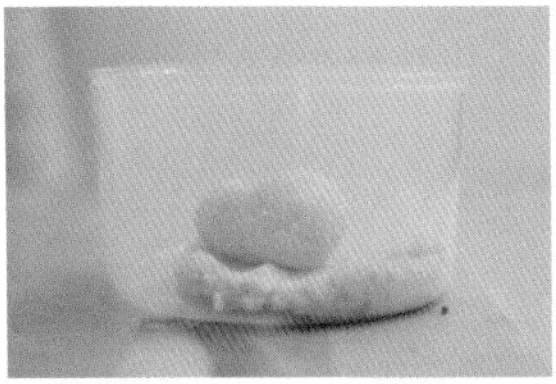

丸めたみそを容器の中心に置いて

▼

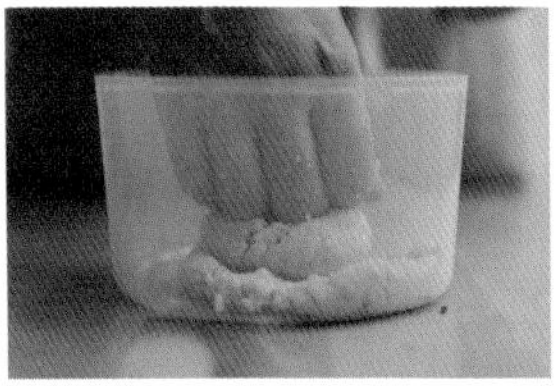

上からグーで押し、容器の縁まで押し広げる。これを繰り返す。

ふり塩をする・熟成させる

重しは必要ありません。
蓋はしっかり閉めてください。

全部のタネを詰めたら、容器の側面を観察し、隙間があれば、上から指でしっかり押して空気を押し出します。

容器の内側の縁は、キッチン用のペーパータオルできれいに拭いてください。

表面を平らにしたら、塩をまんべんなくふり（ふり塩）、指の腹でやさしく広げます。

容器の蓋を閉め、室内の日光が当たらない場所に置いておきます。

完成

2週間経ったら、容器の蓋を開けてみましょう。表面の塩をみそに混ぜ込んだら、5倍麹みその完成です。

最初は白っぽい色ですが、室内に置いておくと、発酵が進んで軟化し、色が濃くなりまるみのある味に変化していきます。好みの熟成度合いになったら発酵速度を落とすため冷蔵庫に移してください。室内で発酵・熟成させる期間は、2週間から5〜6カ月が目安。みその変化を楽しみながら食べてください。

おみそのはなし

みその熟成と色の変化

5倍麹みそは2週間経った後も発酵・熟成が進み、色と風味が変化していきます。

みその色は1カ月くらいまでは白みそのような色、2、3カ月置くと褐色に変わり、赤みその色になります。それ以上発酵・熟成させると（2年以上）、八丁みそのような色の濃い黒っぽいみそになります。好みはそれぞれですが、私はこんな風に使い分けています。

- **白いみそ**…みそ汁、生みそ、おやつ作りに。
- **赤いみそ**…コクを出したい料理、チャーシューなど。
- **黒いみそ**…中華料理、炒め物に。

2種類のみそを合わせて使うこともできます。

みそたまり

5倍麹みそを作り、常温で1カ月、2カ月と発酵・熟成させると、みその表面にとろんとした「みそたまり」という醤油のような液体が浮き出てきます。旨みをたっぷり含んでいますので、みその中に混ぜ込んでおきます。みそたまりは、空気を遮断することでカビを生えにくくし、みその酸化を防ぐ働きがあります。

乾燥麹を使って作る場合

5倍麹みそは、生麹で作るのが基本ですが、乾燥麹しか手に入らない場合は、乾燥麹に湯冷ましした50度くらいのお湯をかけて2時間ほど置いておけば、生麹の様に使うことができます。板状の麹の場合は、よく手でほぐしてバラバラにしてからお湯をかけてください。乾燥麹に加えるお湯の量は麹のメーカーによって異なりますが、４００ｇの乾燥麹であれば、１００ｍｌ程度が目安です（麹が水分を吸って少しふっくらとすれば良い）。これを生麹５００ｇ相当として使い、タネの柔らかさは、大豆の煮汁の量で調節してください。また、発酵・熟成期間は生麹より1〜2週間ほど長くしてください。

種みそについて

2回目にみそを作る時は、前回作ったみそを「種《たね》みそ」として大豆と塩切麹を混ぜる時に、一緒に少し混ぜておくと、発酵・熟成がうまく進みます。

だし入りみそ

みそを仕込む時、昆布を切って一緒に入れて漬けておくと、天然だし入りのみそができます。この漬けた昆布も、みそたまりの水分を吸って大変おいしいですので、お料理などに使って食べてください。

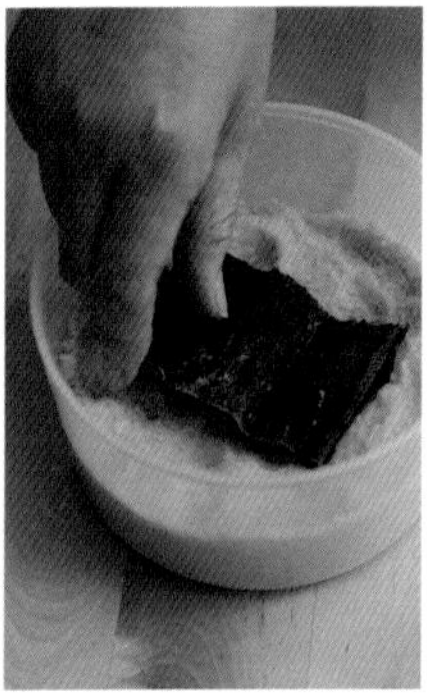

仕込みの時期

日本には「寒《かん》仕込み」といって、冬の寒い時期にみそを仕込む習慣がありますが、5倍麹みそは、一年中いつ作っても構いません。ただし夏場は熟成が速く、冬場はゆっくりになりますので、冷蔵庫に移すタイミングは、季節ごとに調節しましょう。

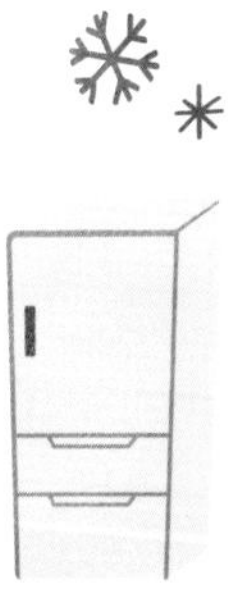

季節を楽しむ「梅みそ」

梅の季節がきたら、ぜひ作って欲しいのが5倍麹みそを使った「梅みそ」です。これは青梅をみその中に漬け、梅から自然に出てくる水分で作るドレッシングで、酢みその様に使うと絶品です。

【材料】（作りやすい分量）

・梅の実…300g

・5倍麹みそ…300g

・砂糖…200～300g

【作り方】

1 梅は洗ってヘタを取り水気を拭く。

2 瓶に半量のみそ、梅、砂糖、残りのみその順に入れて蓋をする。

3 約2週間常温に置き、梅が萎《しぼ》んだら梅を取り出す。

＊冷蔵庫で1年保存ができる。

＊梅干し用の梅で漬けた時は果肉をフードプロセッサーで潰してみそに混ぜ込んでも良い。そのまま、和え衣や、生野菜・魚介類の付けダレ（たこ・あじ・すずき等）として使える。

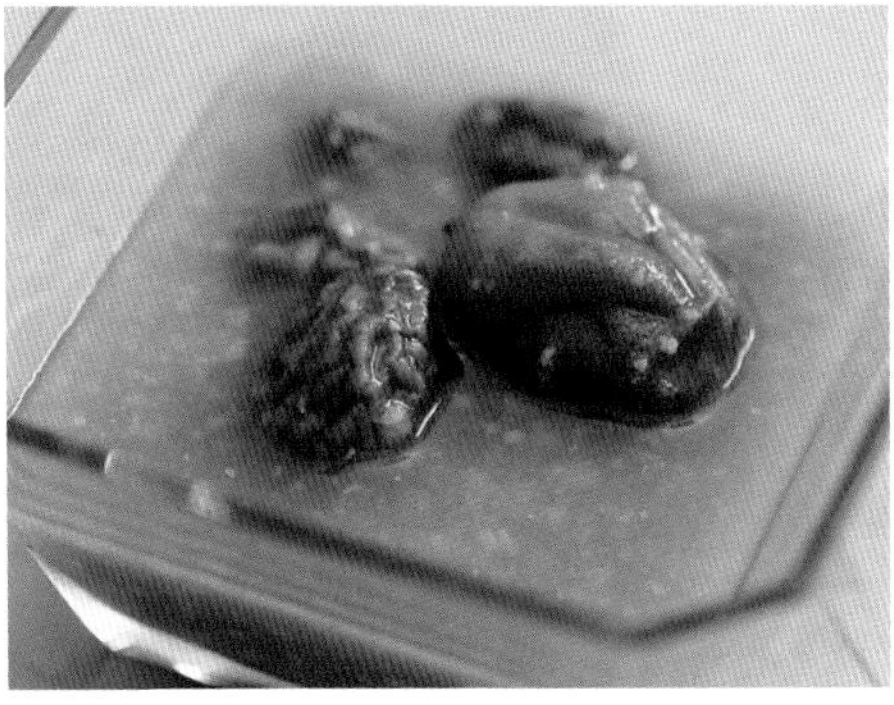

第二章

身体にうれしい5倍麹みその力

5倍麹みそを自ら作り、食生活に取り入れてくださっているという慶應義塾大学医学部教授の井上浩義先生。食や健康に詳しい井上先生とみそのもつ多様な力についてお話ししました。

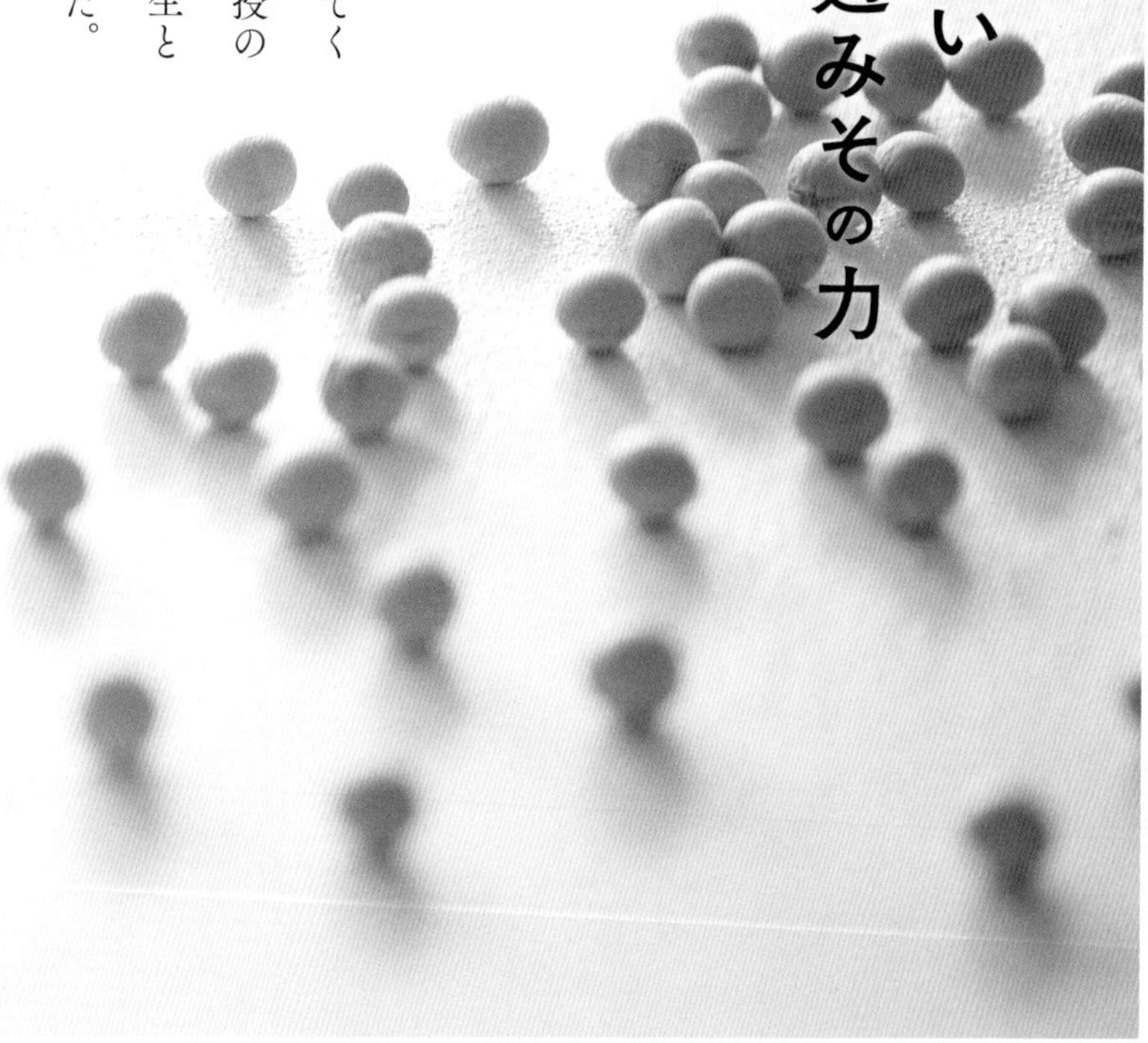

本書の監修者

5倍麹みそを食べている

井上浩義先生

慶應義塾大学医学部教授

1961年、福岡県出身。理学博士、医学博士。専門分野は薬理学、生理学。平成22年度科学技術分野の文部科学大臣表彰。食や健康についてのわかりやすい解説に定評があり、テレビ・新聞・雑誌など各メディアでも活躍中。

松田　井上先生が5倍麹みそのことを知ってくださったのは、まだ麹が世の中で今ほどには知られていなかった、10年近く前のことでした。

井上　知人から**「麹をたくさん使ったみそを作っている方がいる」**と松田さんのみそのお話を聞き、「どんな味のみそだろう？」と気になったんです。麹を多く使うのであれば、発酵しきれなかった麹の独特な香りが残り、普段食べているようなみそとは随分違う味になるのではないだろうかと思ったのですが、食べた皆さんがおいしいと仰っている。

もう一つ気になったのは、5倍麹みその発酵の仕方です。多くの市販されているみそは、発酵で容器が膨張・破裂しないよう、加熱して麹の働きを止めてから出荷しなければならないのですが、麹を多く使うこのみそは、どんな風に発酵しどんな味になるのかなと気になり、自分で作ってみたいと思ったんです。

松田　そのお話を聞き、後日、井上先生にレシピをお伝えしたところ、早速ご自宅で5倍麹みそを作ってくださったとのことで大変感激しました。食べていただいていかがでしたか？

井上　おいしくて驚きました。おみそ汁以外に、野菜に付けたり、それから晩酌のおつまみに「ねぎぬた」を作ることもありますが、5倍麹みそを使うととてもおいしいです。「発酵」は、温帯地方から寒帯地方で使われている方法ですが、麹を使うのは日本と中国の一部の地域だけですから、みそというのはとても日本的な食品だと思います。自分で作ってみると、さらに身近に感じますね。

松田　今日はぜひ、みその**健康・美容面からみた魅力**について詳しく教えてください。

✓「快腸」になる・免疫アップ

松田　5倍麹みそを食べている方々から、「お腹の調子が良い」という感想をよくいただきます。医学的に見たみその腸に良い成分について教えていただけますか？

井上　まず挙げられるのが**食物繊維**です。米みそには100グラムあたり5グラム程度の食物繊維が含まれますが、加工食品の中で食物繊維がこれほど残るものは実は少ないのです。日本は海外に比べて基礎食での食物繊維含有量が少ないですから、みそと他の食材を一緒に食べることで、さらに食物繊維摂取を積み上げていけると良いでしょう。例えば、**みそ汁に野菜をたっぷり入れる**、**みそにナッツを混ぜる**などして食べて欲しいです。色々な食材との相性が良いというのもみその良いところですから。

食物繊維というと、単に「腸の内容量を増やして排便を促す」といったイメージが強いかもしれません。しかしそれだけではなく、みその食物繊維は**腸内細菌叢を短期間で改善**し、約1週間で**腸管免疫**（免疫＝外から入ってきた、あるいは体内で増殖した有害なものから身体を守るしくみ）**を上げる**効果があります。特に**麹の発酵によって作られた酢酸・プロピオン酸などの有機酸が、この免疫機構を円滑に働かせる**という点は、注目したいところです。

松田　免疫については気になる方も多いと思いますが、**日本古来の食品**にもこういう働きがあることを、改めて認識してもらえたらと思いますね。**毎日無理なく食べられる**というのもみその良いところかと思いますので。

井上　賛成です。みそに含まれるオリゴ糖や乳酸菌といった成分にしても、**伝統的な食品からおいしく摂れる**というのはうれしいことですね。

大腸がんの予防

松田　近年、**大腸がんになる方が増えている**と聞きます。

井上　がんの部位別死亡数データで女性の1位にもなっていますね（※1）。

松田　加齢により腸内の善玉菌が減り、悪玉菌が増える高齢世代には、食物繊維は毎日摂取すべき重要なものになってくるのでしょうか？

井上　70代以降の男性や、閉経後に腸管の働きが悪くなった女性は便秘になりやすくなります。男性でも女性でも、**便秘を解消するのが大腸がん、特に直腸がんを防ぐ第一歩**なのです。身体から出る胆汁酸は、腸内で大腸菌により発がん物質である二次胆汁酸に変化します。腸内で**二次胆汁酸のような悪い物質ができるのには1～2日かかりますので、がんを防ぐためには、その前に排便して身体の外に出すのが良いのです**。食物繊維を摂ることは、便秘解消だけでなく、その先にある病気を予防するという意味でも大切です。また、みその発酵・熟成によって生じる**メラノイジンなどの抗酸化物質は、がんを抑制する可能性があります**。メラノイジンは、腸内細菌叢の免疫を上げる働きもあります。

松田 腸を健康にするためには、どのくらいの期間みそを食べると良いのでしょうか？

井上 便秘の方は**まずは1週間食べ続けてみる**と良いでしょう。

心と身体のリラックス

松田 麹の量が多いみそには、安眠をもたらす作用や心を落ち着ける作用があると聞きました。コロナ禍以降、みそのもつこういった力に注目されている方が増えていると実感しています。

井上 みそは、**脳内の神経伝達物質であるセロトニンやメラトニンなどの原料となるトリプトファンを多く含んでいます。**トリプトファンは、（みそになる前の）大豆自体にも含まれていますが、それはタンパク質という塊の状態です。一方で、みその場合は**トリプトファンを分解物であるアミノ酸として、消化・吸収の良い形で摂取できます。**トリプトファンからセロトニンが合成されます。セロトニンは気持ちを安定させる作用があることが知られています。また、トリプトファンは人の体内でメラトニンという物質にも変わります。トリプトファンを摂ることで、メラトニンの分泌が増え、夜の10～12時になると確実に眠くなるという研究結果も出てきています。みそを食べることで**脳の興奮を抑えられ、心地良い眠りをもたらし、ストレスも軽減する**と考えられます。

松田　みそ作り教室の生徒さんに、**5倍麹みそを温かいお湯で溶いて飲むだけでもリラックスする**と仰っている方がいました。おにぎり一つの簡単なランチでも、みそ汁が1杯あるだけできちんとした食事をした気分になり、ほっとします。これは、みそに含まれるトリプトファンのおかげだったのですね。

美肌・ダイエット

松田　麹を作る場所に長くいる方々によくお会いするのですが、皆さん本当に素肌が透き通るようにきれいな方ばかりです。やはり麹の働きは絶大なのだなと思います。

井上　麹の発酵過程で作られるコウジ酸を使った美白化粧品も色々出ていますね。皮膚の浅いところにあり肝斑《かんぱん》の原因になる酵素・チロシナーゼの働きをコウジ酸が抑制するというのは、世界中で認められています。このように、皮膚に塗って効果を示すことは確かにあります。

松田　みそを作る時に麹を手で触ることによって、手肌がきれいになるというのは医学的にも考えられることでしょうか？

井上　みそをよく作る方ならばあると思いますよ。

松田　そうなのですね。おかげ様で私も手は「きれい」と時々言っていただくことがありますが（笑）、ますます作りたくなります。みそ、つまり食べる場合での美肌効果については、いかがでしょうか？

井上　ターンオーバー（肌の細胞が生まれ変わる仕組み）の改善を示した論文はあります。ポリフェノールや食物繊維の働きによるものでしょう。大豆に含まれるイソフラボンは、女性ホルモン様の働きをしますので、**みそを食べることで、肌のキメが細かくなる**といったことも考えられます。

松田　女性は、閉経後に女性ホルモンが減って太りやすくなると言われます。海外では、女性ホルモン（エストラジオール）を使ったダイエットもあるそうですが……。

井上　大豆イソフラボンでエストラジオール様の作用が出て、脂肪燃焼が上がる可能性はあります。ただ、大豆イソフラボンの過剰摂取問題は記憶に新しいところです。みそから大豆イソフラボンを過剰摂取するケースは少ないでしょうが、気になるという方は「食品安全委員会」のホームページ（※2）などで確認してみてください。

松田　早速、みそ作り教室の生徒さん達にもお伝えしたいと思います。ダイエット関連でお話すると、5倍麹みそを料理に使うことで、他の調味料を多く使わなくても美味しい料理が作れるということも知っていただきたいです。砂糖やみりん、お酒などの使用量を減らせるという点は、ダイエットを気にされる方には魅力的なところかと思います。

生活習慣病の予防・乳がんのリスク減

井上　**みそに含まれるポリフェノールは、心血管疾患の予防に期待がもてます**。ポリフェノールは血管に入ることで**血管をしなやかにします**。これはつまり、血管内皮の肥厚を抑制するということであり、**動脈硬化・高血圧・血管のもろさ（脆弱性）の予防・改善**が期待できます。このことから、認知症全体の約20%を占める血管性認知症（脳の血管障害が原因で起こる認知症）を予防することもあり得ると思います。

松田　みそ汁の摂取が多い人ほど、乳がんになりにくいという話も聞きますが、いかがでしょうか？

井上　国立がん研究センターの発表（※3）では、1日3杯以上みそ汁を飲む人達では、1日1杯未満飲む方よりも**乳がんの発生率が40％減少**しているという結果もあります。

松田　若い方々も含め、多くの方に日本の伝統的な食習慣の力を知って欲しいですね。

✓ 世界へ伝えたいみその魅力

松田　食物繊維や抗酸化ポリフェノールなど栄養成分が多岐にわたるみそは、エイジングケアを気にされる方にも魅力的な食品ではないでしょうか。また、健康寿命を延ばすための**健康的な食生活を「続けられるかどうか」という点から考えた時に、やはりみそは重要な食品になる**かと思います。

井上　エイジングケアという点では、みそは**タンパク質を含み、プロテイン豊富で筋肉を作ります。**仰る通り、健康でいるためにはできることを続けることが大事ですね。

松田　みその様々な魅力を教えていただきありがとうございました。和食が無形文化遺産に認められたこともあり、今後も益々みその果たす役割は大きくなっていくと思います。今日は大変勉強になりました。

井上　みその健康上の利点は、語りきれないほどたくさんあります。大豆製品の中では、豆乳や醤油に比べれば実は世界的に見てまだ認知度の高くない食品ですので、もっと世界に広めたいですね。特に塩分を摂り過ぎている地域や血管が脆くなりやすい食習慣のある地域の方、欧米の寒い地域にもみそが広がり、健康な方が増えていくことを望んでいます。

※1　厚生労働省「人口動態統計 がん死亡データ 2020 年」
※2　内閣府「食品安全委員会」http://www.fsc.go.jp/
※3　国立がん研究センター「大豆・イソフラボン摂取と乳がん発生率との関係について」https://epi.ncc.go.jp/jphc/outcome/258.html

おみそQ&A

Q

みそと食べ合わせの良い食材はありますか？

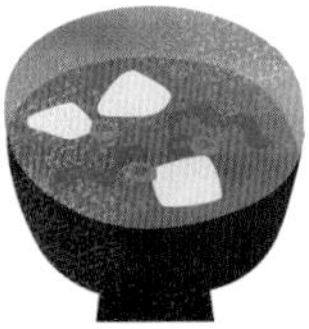

A

おいしい味と適度な塩分を含んでいますから、**まずは塩分を含まない食品との組み合わせが良いでしょう。**

塩分の排出を促すカリウムを含む食材との組み合わせがおすすめです。

ほうれん草

豆類

芋類

昆布

など

Q

加熱したみそと生のみそ、健康効果に違いはありますか？

A

ほとんどの研究結果で、100度以下の加熱であれば、「炭水化物」「脂質」「タンパク質」の三代栄養素の栄養価は変わらないと出ています。高温加熱調理では、イソフラボンの量が減り、抗酸化力も減少します。

Q

みそに漬けた肉が柔らかくなるのはなぜですか？

A

みそに含まれるプロテアーゼという酵素は、タンパク質をアミノ酸にまで分解し柔らかくします。みそに漬けられた肉や魚は、食べる時に消化酵素をたくさん使わないで済みますので、高齢者やお子さんには特に良いでしょう。

第三章

5倍麹みそで毎日おいしい 腸いきいきレシピ

みそ床で漬けた野菜と茹で卵。
〔レシピは 84 ～ 87 ページ〕

5倍麹みそがあれば、普段のメニューが
おいしい健康メニューに変わります。
和洋中さまざまな料理、スイーツに
5倍麹みそを使ってみましょう。
わが家で繰り返し作っている
おすすめレシピを紹介します。

※レシピの電子レンジの設定は600 Wです。
※1カップ=200ml、大さじ1=15ml、小さじ1= 5ml です。
※熟成1カ月程度の白みそを基本にしています。
熟成したみそがおすすめのものは 赤 マークを付けています。

食べみそ

5倍麹みそは、まずはぜひ生で食べてみてください。
また、しょうゆやマヨネーズ等の代わりに使ってみると
新しいおいしさが見つかります。

野菜に付けて

生みそならではのフレッシュな香りと自然な甘みで、野菜のおいしさが引き立ちます。

パンに塗って

5倍麹みそを塗りチーズをのせて焼くみそチーズトースト。発酵の旨みがギュッと詰まったあとを引く味です。

豆腐にのせて

木綿豆腐にみそと青ねぎ、かつおぶしをのせて、ご馳走風に。油揚げにも合います。

混ぜみそ

5倍麹みそに混ぜるだけでできる、バリエーション豊かな混ぜみそ。
作り置きしておくと忙しい日の強い味方になります。

はちみつみそ

材料〔作りやすい分量〕
みそ…大さじ3
はちみつ…大さじ1
※あれば、えごま油…小さじ1

作り方　全ての材料を混ぜ合わせる。

使い方　おすすめは「ふろふき玉ねぎ」。皮をむいて縦に4分割した玉ねぎをお皿に並べ、ラップをして電子レンジで4分加熱。そのまま余熱で火を通したら、はちみつみそをのせていただきます。

にんにくみそ

材料〔作りやすい分量〕
みそ…大さじ6
にんにく（薄皮をむく）…２玉

作り方　みその半量を密閉できる瓶に入れ、にんにくを入れる。上から残りのみそを入れて蓋をし、冷蔵庫で保管する。３日後から食べられ、３～４カ月保存可能。

使い方　ごま油でカリッと焼いた豚肉に付けてレタスで巻くとおいしい。生野菜・鍋・ラーメンにも合います。

まろやかからし酢みそ

材料〔作りやすい分量〕
みそ…大さじ２
みりん…大さじ１
（ラップをせず電子レンジで40秒加熱する）
きび砂糖…大さじ１
ねりからし…小さじ１
酢…大さじ１

作り方　みそとみりん、きび砂糖を混ぜ合わせ、ねりからしと酢を入れてさらに混ぜ合わせる。

使い方　わけぎやニラ、菜の花のぬた、ちんげん菜と魚介（たこ・えび・はも）のぬたや和えものに。

大葉みそ

材料〔作りやすい分量〕
みそ…大さじ3
はちみつ…大さじ1
大葉（みじん切り）…5枚

作り方　全ての材料を混ぜ合わせる。

使い方　鶏のささみやあじなど、フライの下味に。

しょうがみそ

材料〔作りやすい分量〕
みそ…大さじ3
はちみつ…大さじ1
しょうが（千切り）…1片

作り方　全ての材料を混ぜ合わせる。

使い方　豚のしょうが焼き、根菜の煮物に。

ゆずみそ

材料〔作りやすい分量〕
みそ…大さじ3
はちみつ…大さじ1と½
ゆずの皮のすりおろし…小さじ1

作り方　全ての材料を混ぜ合わせる。

使い方　餅や、電子レンジで4～5分加熱した里芋、かぶに付けて。

ナッツみそ

材料〔作りやすい分量〕
みそ…大さじ3
はちみつ…大さじ1
ミックスナッツ…大さじ2
（ローストし、粗く砕いておく）

作り方　全ての材料を混ぜ合わせる。

使い方　こんにゃくを食べやすい大きさに切って1～2分茹で、ナッツみそをのせたり、厚揚げに薄く塗ってトースターで焼いていただきます。

カレーみそディップ

材料〔作りやすい分量〕
みそ…大さじ3
カレー粉…小さじ1
はちみつ…小さじ1

作り方　全ての材料を混ぜ合わせる。

使い方　かぼちゃ、なす、パプリカなど、焼いた野菜によく合います。調味料として、タンドリーチキンの下味や、チャーハン、スープ、うどんの汁にも使えます。

みそ汁

どんな具材とも相性が良く旨みのある5倍麹みそ。だしはお好みで良いですが、わが家はシンプルに昆布だしが定番です。

5倍麹みそ汁に合う 昆布だしの取り方

（だし汁）

昆布に含まれるグルタミン酸・
アスパラギン酸を引き出す料亭の味。

材料〔作りやすい分量〕

昆布（湿らせた布巾で軽く拭き、5cm幅にカット）…20g
水…5カップ

作り方

密閉容器に昆布を入れ、水を加えて漬けておく。冷蔵庫で保管し6時間後から料理に使用できる。12時間経ったら昆布を取り出す。冷蔵庫で2～3日保存可能。

ポイント	煮出すより失敗が少なく、手軽においしいだしが取れます。みそ汁以外に煮物、炊き込みご飯、鍋にも利用できます。

オクラとトマトのそうめんみそ汁

そうめん入りのみそ汁は、軽めの夜食や朝ご飯にもおすすめ。
トマトから出る旨みは昆布だしと良く合います。

材料〔2人分〕
オクラ（小口切り）…2本
トマト（湯むきして一口大に切る）…1個
そうめん（かためにゆがいて水で洗っておく）…1束
だし汁…2カップ
みそ…大さじ3

作り方
1. だし汁を中火で煮立てみそを溶き入れ弱火にする。
2. オクラとトマト、そうめんを加えて沸騰直前まで加熱し、火を止める。

長芋となめこのとろとろ汁

長芋となめこでスタミナアップ。とろみの付いたみそ汁は満足感があり、
疲れた日の身体をほっと癒やしてくれます。

材料〔2人分〕

長芋（皮をむいてすりおろす）…100g
なめこ（ざるにあげ流水でさっと洗う）…50g
だし汁…2カップ
みそ…大さじ3
えごま油…小さじ1

作り方

1. だし汁を中火で煮立て、長芋、なめこを入れて加熱する。
2. 火を弱めて、みそを溶き入れて火を止める。
   お椀によそい、仕上げにえごま油をかける。

温泉卵入りのみょうがときゅうりの冷や汁

夏は5倍麹みその冷や汁で身体の調子を整えます。きゅうりに含まれる
カリウムが、塩分や老廃物を身体の外に出すのを助けてくれます。

材料〔2人分〕

温泉卵…2個
みょうが（千切り）…1個
きゅうり（小口切り）…½本
だし汁…2カップ
みそ…大さじ3

作り方

1. だし汁を中火で煮立て、みそを溶き入れて火を止め、冷蔵庫で冷やす。
2. お椀に温泉卵、みょうが、きゅうりを入れてから1を注ぎ入れる。

冬瓜の豚汁 ゆず胡椒風味

豚肉の旨みが引き立つ、具材3種のシンプルな豚汁。
冬瓜の代わりに大根でも。ゆず胡椒を添えればご馳走の味。

材料〔2人分〕

豚バラ肉薄切り（2cm幅に切る）…70g
冬瓜（皮をむいて種を取り乱切り）…100g
長ねぎ（斜め薄切り）…1本
水…2カップ
みそ…大さじ3
米油…小さじ2
ゆず胡椒…少々

作り方

1. 鍋に米油を入れて中火で熱し、豚肉と長ねぎを炒める。
   肉の色が変わったら水を加える。
2. 1に冬瓜を加えて透き通るまで弱火で煮て、みそを溶き入れて火を止める。
   お椀に盛り、食べる時にゆず胡椒を加える。

豆腐とレタスのみそ汁

レタスをたっぷり入れたサラダ感覚のヘルシーなみそ汁。
定番具材の豆腐を合わせ、肝臓・腎臓に優しい1杯です。

材料〔2人分〕

豆腐（拍子木切り）…¼丁
レタスの葉（一口大にちぎる）…1～2枚
だし汁…2カップ
みそ…大さじ3
白ごま…少々

作り方

1. 鍋にだし汁を入れて中火で煮立て、豆腐を入れて1分ほど煮てレタスを加え、ひと煮立ちさせる。
2. 弱火にしてみそを溶き入れて火を止める。お椀に盛り、白ごまをふる。

白菜キムチとしめじのみそ汁

みそと同じく発酵食品のキムチと食物繊維が豊富なしめじ。
腸内の善玉菌を増やし、身体が温まる一杯です。

材料〔2人分〕

しめじ（石突きを取りほぐす）…½パック
白菜キムチ（ざく切り）…50g
だし汁…2カップ
みそ…大さじ3 赤
ごま油…小さじ1
白すりごま…小さじ2

作り方

1. 鍋にごま油を入れて中火で熱し、しめじを炒める。キムチを加えてさっと炒める。
2. 1にだし汁を入れ、煮立ったら弱火にしてみそを溶き入れ、火を止める。
3. お椀に盛り、白すりごまをふる。

じゃがいもとグリーンアスパラガスのみそ汁

じゃがいものもつ旨みが、5倍麹みそで一層引き立ちます。
グリーンアスパラガスの代わりにカリフラワーも合います。

材料〔2人分〕

じゃがいも（皮をむいて乱切り）…1個
グリーンアスパラガス（根元を切り5cm長さの斜め薄切り）…2本
だし汁…2カップ
みそ…大さじ3

作り方

1. 鍋にだし汁とじゃがいもを入れ中火で煮立てる。じゃがいもが柔らかくなったらグリーンアスパラガスを入れて1～2分煮る。
2. 弱火にしてみそを溶き入れ、火を止める。

あさりとじゃがいもの和風コチュジャンスープ

5倍麹みそで作った自家製コチュジャンで、毎日のみそ汁に変化球を。
ピリ辛味がクセになるおいしさです。

材料〔2人分〕

あさり（砂抜きしておく）…20個
じゃがいも（皮をむいて乱切り）…2個
水…2カップ
鶏ガラスープの素…小さじ2

A（溶いておく）
コチュジャン…小さじ2
（次ページ参照）
酒…小さじ2

青ねぎ（小口切り）…2本

作り方

1. じゃがいもは電子レンジで2～3分加熱する。
2. 鍋に水を入れ、あさりとじゃがいもを入れて中火にかける。
3. 沸騰してきたら鶏ガラスープの素とAを入れ、器に盛り、青ねぎを散らす。

5倍麹みそで作る 和風コチュジャン

材料〔作りやすい分量〕

水…¼カップ
きび砂糖…45g
塩…小さじ½
みそ…60g 赤
粉唐辛子…25g

A
- 酢…小さじ¼
- 酒…小さじ¼
- しょうゆ…小さじ1

1.

2.

3.

4.

作り方

1. 鍋に水、きび砂糖、塩を入れ中火にかける。混ぜながら1分加熱し、きび砂糖を煮溶かす。
2. 弱火にし、みそを入れてさらに煮溶かす。
3. 2に粉唐辛子を入れ、粉っぽさがなくなるまで弱火でときどきかき混ぜながら6〜7分煮詰める。
4. 粗熱が取れたらAを加えて混ぜ、でき上がり。

メインのおかず

いつものおかずも5倍麹みそで深い味わいに。
和洋中、さまざまなお料理に使ってみてください。

みそ煮込みハンバーグ

みそが隠し味のジューシーな一皿。5倍麹みそがひき肉によく馴染み、肉の旨みを存分に引き出します。

作り方

1. 玉ねぎは耐熱皿に入れ、バター大さじ½をのせ電子レンジで4分加熱する。
2. エリンギは横半分に切ってから、縦半分にさく。
3. ボウルにAと合いびき肉、1、卵、塩、こしょう、みそを加えてよく練り、2等分にしてだ円形にまとめる。まん中をくぼませて薄力粉を全体に薄くまぶす。
4. フライパンにバター大さじ1を入れて強火で熱し、3を入れて両面を焼く。焼き目が付いたら2、Bを加えて蓋をして弱火で10～12分煮込む。
5. 器に盛り、パセリを添える。

材料〔2人分〕

玉ねぎ（みじん切り）…½個
バター…大さじ½

合いびき肉…200g
卵…1個
エリンギ…2本
薄力粉…適量
塩…小さじ¼
こしょう…少々
みそ…大さじ1
バター…大さじ1

A パン粉（牛乳大さじ1でふやかしておく）
…大さじ3

B 水…¾カップ
トマトケチャップ…大さじ1
みそ…大さじ1
砂糖…小さじ1

パセリ…適量

さけのみそマヨ焼き

みそとマヨネーズを合わせることで、ジューシーなご馳走に。
さけはもちろん、たらやさわらにもよく合います。

材料〔2人分〕

生さけ…2切れ

A（混ぜ合わせておく）
- みそ…大さじ1 [赤]
- マヨネーズ…大さじ3
- はちみつ…小さじ2

青ねぎ（小口切り）…1本

作り方

1. Aに青ねぎを加えて混ぜ、ソースを作る。ソースは仕上げ用に少量とっておく。
2. 耐熱皿にさけを並べ、1を適量塗る。
3. ふんわりとラップをして電子レンジで3〜4分加熱する。
4. 3を器に盛り、1でとっておいた仕上げ用のソースをかける。

かんたんみそ豚チャーシュー

固くなりがちなかたまり肉も5倍麹みそでしっとり柔らかく。
電子レンジで作る簡単レシピ。

材料〔2～3人分〕
豚ヒレ肉ブロック…400g
酒…大さじ1
にんにく…1片
しょうが…1片
長ねぎ…1本

A（混ぜ合わせておく）
- みそ…大さじ3 [赤]
- しょうゆ…大さじ1
- 酒…大さじ2
- 砂糖…大さじ1
- はちみつ…大さじ1
- ごま油…小さじ1

作り方
1. 豚肉にフォークで穴をあける。酒を揉み込み、15分おいておく。
2. にんにく、しょうがはすりおろす。長ねぎは3～4cmに切っておく。
3. 耐熱容器にA、1、2を入れて馴染ませ冷蔵庫で最低30分置く。途中で上下を引っくり返す。
4. 3にふんわりとラップをして電子レンジで8分加熱し、豚肉を裏返して再びラップをして4～5分加熱する。
5. そのまま10分ほど置き、余熱で火を通す。粗熱が取れたら、食べやすくスライスして器に盛り、耐熱容器に残ったタレをかける。

鶏手羽中の甘辛みそ揚げ

わが家ではいつも取り合いになる人気の一品。
黒酢を使うことで、より本格的な味に。

材料〔作りやすい分量〕

鶏手羽中…300g（約8本）
片栗粉…大さじ2
薄力粉…大さじ2

A（混ぜ合わせておく）
- みそ…大さじ1 赤
- しょうゆ…大さじ1
- 砂糖…大さじ1
- 酒…大さじ2
- 黒酢…小さじ2

揚げ油…適量　白ごま…適量

作り方

1. ポリ袋に片栗粉と薄力粉を入れ、その中に鶏手羽中を加えて粉をまぶす。肉に付いた余分な粉は落としておく。
2. 揚げ油を170度くらいに熱し、1の鶏手羽中を入れて上下を返しながら6～7分、きつね色になるまで揚げる。
3. フライパンにAを入れて中火で熱し、少しとろみが付いたら2を加えてからめる。器に盛り、白ごまをふる。

ねぎみそポークピカタ

薄切り肉をくるくる巻いて、食べごたえを出しました。
半分にカットして、お弁当のおかずにも。

材料〔2人分〕

豚ロース肉薄切り…6枚
青ねぎ（小口切り）…½束
卵（溶いておく）…1個
小麦粉（もしくは米粉）…適量
はちみつみそ（作り方は44ページ）…大さじ2
米油…大さじ1

作り方

1. 青ねぎとはちみつみそを混ぜる。
2. バットに豚肉を広げ、1を均等に塗る。端からくるくると巻き、小麦粉を全体にまぶす。
3. フライパンに米油を入れて中火で熱し、2を卵にくぐらせてから入れ、転がしながら5～6分焼いて中心まで火を通す。

おかず・おつまみ

みその味と香りと旨みで、ご飯や晩酌が進む
おつまみにもなるおかずを紹介します。

キャロットみそフライ

5倍麹みその香りが揚げたにんじんからふわりと香ります。人参に含まれるβカロテンは、油とともに摂るのがおすすめです。

材料〔2人分〕

にんじん（短冊切り）…中1本
みそ…小さじ1

A（混ぜ合わせておく）
- 薄力粉…大さじ3
- 水…大さじ2
- 卵…1個

パン粉…適量
揚げ油…適量
黒こしょう…少々

作り方

1. にんじんにみそをからめて5分置く。
2. 1にAを加えてからめる。
3. 2にパン粉を付けて180度に熱した油できつね色になるまで揚げる。器に盛り、仕上げに黒こしょうをふる。

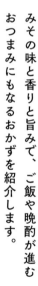

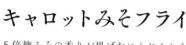

なすとみそのなめろう風

魚で作るなめろうを、加熱したなすで代用をして作る変わり種の一品。
とろんとした食感で、晩酌も進みます。

材料〔2人分〕
なす…中1本
みょうが（粗みじん切り）…2本
大葉（粗みじん切り）…5枚
青ねぎ（粗みじん切り）…適量

A（混ぜ合わせておく）
みそ…大さじ1〜1と½
米酢…小さじ1

作り方

1. なすは洗ってヘタを落としてラップにくるむ。電子レンジで1分加熱したら、ひっくり返して再び30秒ほど加熱する。粗熱が取れ、しんなりするまで置いておく。
2. まな板に1を置いてみょうが、大葉、青ねぎ（好みで）、Aを合わせて包丁で叩く。
3. 全体が馴染んだら器に盛る。

彩りピーマンのみそきんぴら

甘辛味のきんぴらは、冷めてもおいしく食べられるので、
お弁当のおかずにもぴったりです。

材料〔作りやすい分量〕

ピーマン（赤・緑）…合わせて3個

A（混ぜ合わせておく）
- みそ…大さじ1
- 砂糖…小さじ1
- 水…大さじ1

ごま油…小さじ2
白ごま…大さじ1

作り方

1. ピーマンを縦に細切りにする。フライパンにごま油を熱し、ピーマンを中火で1～2分炒める。Aを加え、汁気がほぼなくなるまでさらに炒める。
2. 仕上げに白ごまをふる。

ゴーヤとちりめんじゃこのみそ佃煮

5倍麹みそでゴーヤを食べやすくマイルドに。ご飯のお供にはもちろん、
ビールのおつまみにもおすすめです。

材料〔2人分〕

ゴーヤ…中1本
ちりめんじゃこ…20g

A
- みそ…大さじ1
- しょうゆ…大さじ1
- 酢…大さじ1
- 酒…大さじ2
- 砂糖…大さじ3

作り方

1. ゴーヤは縦半分に切り、種とわたを取ってから横に3mm厚さに切る。塩少々（分量外）をふりかけ20分程度置く。その後2回ほど水洗いしてざるにあげて水気を切り、軽くしぼる（ゴーヤの苦みが和らぐ）。

2. 鍋にAを入れて中火で煮立て、1とちりめんじゃこを加え、弱火で汁気がほぼなくなるまで煮る。お好みで仕上げにかつおぶし（5g）をからめる。

こんにゃくみそバターステーキ

みそにバターをプラスして、こんにゃくがボリュームアップ。
食欲をそそるヘルシーな一品。

材料〔2人分〕

こんにゃく…½枚（140g）
バター…小さじ2

A
- みそ…大さじ1
- しょうゆ…大さじ1
- 砂糖…大さじ1

黒こしょう（粗びき）…少々

作り方

1. こんにゃくは7～8mm厚さに切り、断面を上にしてまな板に並べ、両面に浅く格子状の切り込みを入れる。熱湯で1分茹で、ざるにあげて水気を切る。
2. フライパンにバターを入れて中火で熱し、1を入れて両面を焼き、Aを加えてからめ火を止める。仕上げに黒こしょうをふる。

かぼちゃと鶏そぼろみそのレタス巻き

ひき肉からみその旨みが広がります。
おもてなしにもおすすめのテーブルを華やかにしてくれる一品です。

材料〔2人分〕

かぼちゃ（薄切りして3cm四方位に切る）
…100g

鶏ひき肉…70g

ニラ（1.5cm長さに切る）…½束

しょうが（みじん切り）…1片

A
- みそ…大さじ1 赤
- 豆板醤…小さじ1
- 水…大さじ1

ごま油…大さじ1

サニーレタス…½個

作り方

1. フライパンにごま油を入れ、弱火でしょうがを炒める。香りが出てきたら中火にしてかぼちゃを加えさらに炒める。かぼちゃをフライパンの端に寄せて中央で鶏ひき肉を炒める。肉の色が変わったらかぼちゃと混ぜる。
2. 1にAを加えて炒め合わせる。最後にニラを入れ、フライパンの蓋をして火を止める。ニラがしんなりするまでそのまま余熱で火を通す。
3. サニーレタスに2をのせて巻いて食べる。

ご飯・麺類

5倍麹みそは、ご飯・麺類との相性が抜群です。
風味豊かな食卓を楽しみましょう。

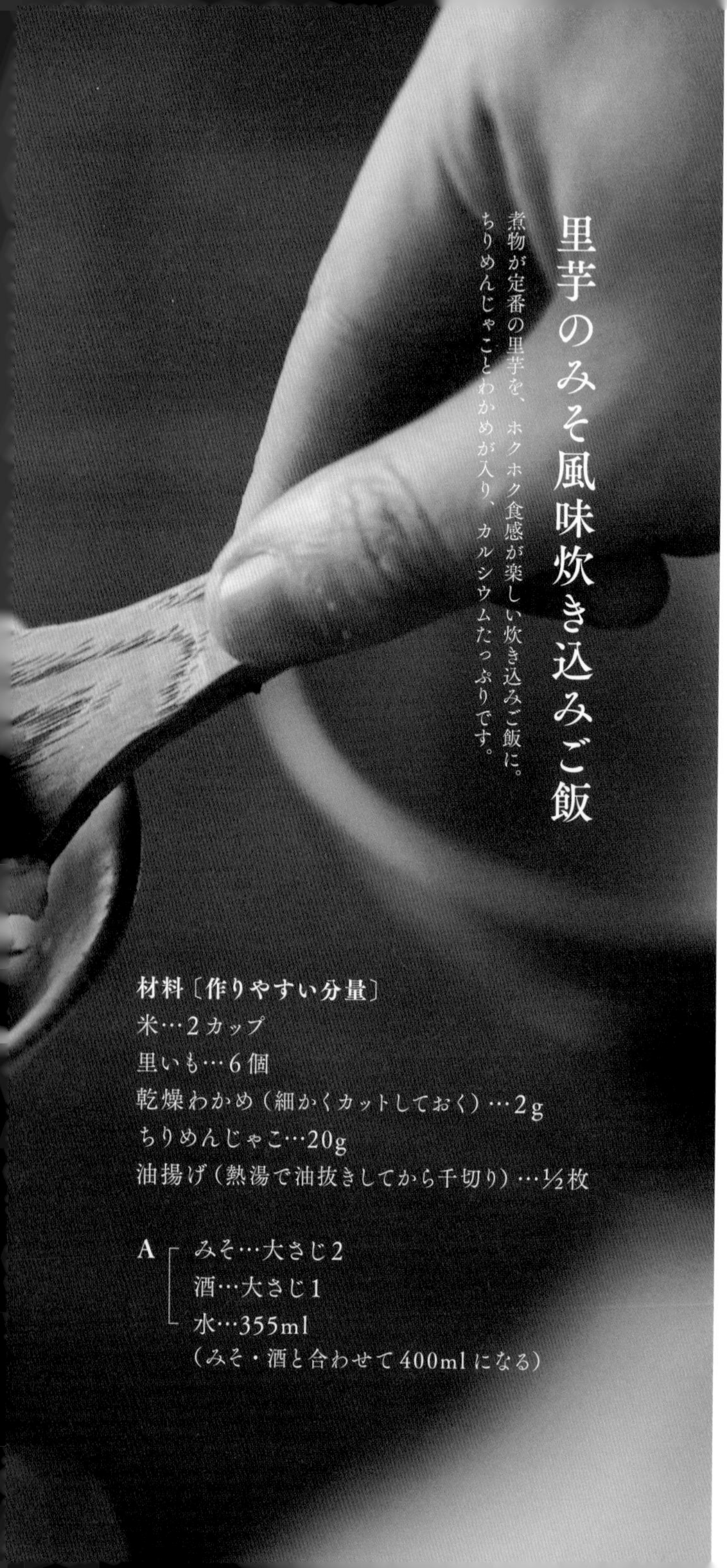

里芋のみそ風味炊き込みご飯

煮物が定番の里芋を、ホクホク食感が楽しい炊き込みご飯に。
ちりめんじゃことわかめが入り、カルシウムたっぷりです。

材料〔作りやすい分量〕

米…2カップ
里いも…6個
乾燥わかめ（細かくカットしておく）…2g
ちりめんじゃこ…20g
油揚げ（熱湯で油抜きしてから千切り）…½枚

A
- みそ…大さじ2
- 酒…大さじ1
- 水…355ml
（みそ・酒と合わせて400mlになる）

作り方

1. 米は研いでおく。里いもは皮をむいて一口大に切り、塩（分量外）で揉んでぬめりをとってから、水洗いして水気を切っておく。
2. 炊飯器に1の米とAを入れてみそが溶けるまで軽く混ぜ合わせ、上に1の里いもと他の具材をのせて通常モードで炊く。

材料〔2人分〕

豚ひき肉…150g
しょうが（みじん切り）…1片

A（混ぜ合わせておく）
- みそ…大さじ2
- みりん…大さじ1 赤
- きび砂糖…大さじ1
- 酒…大さじ2
- しょうゆ…小さじ1

米油…少々
中華麺…2玉
きゅうり（皮をむいて千切り）…1本

作り方

1. フライパンで米油を弱火で温め、しょうがを炒める。
2. 1に豚ひき肉を加えて色が変わるまで炒める。余分な油はペーパータオルで拭き取る。
3. 2にAを入れ水分が飛ぶまで炒める。
4. 中華麺を茹で水気を切り、器に盛って上に3の肉みそときゅうりをのせる。

まろやかジャージャー麺

中華麺にみそで味付けした甘辛の肉あんをとろりとかけた食欲をそそる一品。
肉あんは冷凍保存もできます。

みそ風味親子チャーハン

炒める前に、みそを加えた卵にご飯を混ぜておくことで、みその香りが全体に広がるパラパラチャーハンになります。

材料〔2人分〕

温かいご飯…2膳分
ごま油…大さじ2
鶏ひき肉…100g
ニラ（5mm幅に切る）…½束

A（混ぜ合わせておく）
みそ…大さじ1
卵…2個
酒…大さじ1

作り方

1. Aにご飯を加えて混ぜる。
2. フライパンにごま油を入れ、中火で熱し、鶏ひき肉を炒め、色が変わったらニラも加えてさっと炒める。
3. 2に1を入れて、ご飯をほぐしながら全体がパラパラになるまで炒める。

さけとじゃがいものみそグラタン

乳製品とみその相性は抜群。
生クリームを使うことで、ホワイトソースを作らずにできるレシピです。

材料〔2人分〕

生さけ…2切れ
塩・こしょう…適量
薄力粉…適量
じゃがいも（3mmの輪切り）…1個
ブロッコリー（小房に分ける）…50g
マカロニ…40g
ピザ用チーズ…40g

A（混ぜ合わせておく）

- みそ…大さじ1
- 生クリーム…1カップ
- 牛乳…½カップ
- にんにく（みじん切り）…½片

米油…大さじ2

作り方

1. 生さけは皮を取り、一口大にそぎ切りし、塩・こしょうをふる。
2. じゃがいも・ブロッコリー・マカロニはそれぞれ茹でて水気を切る。
3. 1に薄力粉をまぶし、米油を熱したフライパンで両面を焼いて取り出す。
4. グラタン皿に3のさけと2のじゃがいもを交互に重ね、2のブロッコリー・マカロニを散らし、Aをかけてピザ用チーズをのせる。
5. オーブントースターで焼き色が付くまで7〜8分焼く。

和風みそドライカレー

トマトジュースの酸味は、みそのおいしさを引き立てます。
目玉焼きをのせてボリュームアップ。

材料〔2人分〕

合いびき肉…150g
玉ねぎ（みじん切り）…¼個
にんにく（みじん切り）…1片
しょうが（みじん切り）…½片
なす（輪切り）…1本

A ┌ みそ…大さじ½
　│ トマトジュース…100ml
　└ カレー粉…小さじ½

オリーブ油…大さじ1
ご飯…適量

作り方

1. フライパンにオリーブ油を熱して、にんにくとしょうがを中火で炒め、香りが出たら玉ねぎを加えて炒める。
2. 1に合いびき肉、なすの順に加えて5分炒める。
3. 2にAを加えて汁気がとぶまで煮る。
4. 器にご飯を盛って3をかける。
　※お好みで目玉焼きや粉チーズをトッピングする。

おやつ

5倍麹みそはスイーツにもとても合います。
素材のおいしさと甘さをそっと引き立てます。

材料〔17cmのシフォンケーキ型1個分〕
卵黄…3個分
卵白…3個分
薄力粉（ふるっておく）…75g
砂糖…80g（50gと30gに分けておく）
牛乳…¼カップ
米油…¼カップ
みそ…大さじ1

※オーブンは170度に予熱しておく。
※ボウルは2個準備する。

作り方
1. ボウルに卵白を入れ、泡立てる。半分くらい泡立ったら、砂糖50gを入れて角が立つまでしっかり泡立てる。
2. 別のボウルに卵黄を入れて、泡立て器で溶きほぐし砂糖30gを加え、よく泡立てて、米油・牛乳の順に少しずつ加える。
3. 2に薄力粉を入れて混ぜ、1のメレンゲの⅓量を加えて混ぜる。
4. 3の生地を大さじ3取り分け、みそと混ぜる。
5. 残り⅔量のメレンゲを3に加えて混ぜ、最後に4を入れてさっくり混ぜ、シフォンケーキ型に流し込む。
6. オーブンで35分焼く。
7. 焼き上がったらすぐに型ごとひっくり返して瓶などにのせ、完全に冷めるまでそのままにしておく。
8. 完全に冷めたら、ペティナイフなどで型をはずす。

しっとりみそシフォンケーキ

表面の香ばしい麹の香りがアクセント。
口に入れるとみその香りがふわりと広がります。
緑茶・ほうじ茶にも良く合います。

くるみみそゆべし

定番和菓子のくるみゆべしも自分で作れば別格のおいしさ。
くるみとみそは相性バツグンです。

材料〔作りやすい分量〕

白玉粉…70g
上新粉…30g
くるみ（粗めに砕く）…50g
きな粉…適量
水…180ml
きび砂糖…100g
みそ…大さじ1

作り方

1. 耐熱容器に水・きび砂糖を入れて、きび砂糖が溶けるまで混ぜる。白玉粉、上新粉、みその順番に加えてよく混ぜる。
2. 1にラップをして電子レンジで4分加熱する。くるみを加えてよく混ぜ、さらに2分加熱する。
3. バットにきな粉を広げ、その上に2を1cmくらいの厚さに広げる。上からきな粉をまぶし一口大に切る。

みそ香る黒ごまスティッククッキー

いくつでも食べられる、あと引く味。カルシウムを含む黒ごまたっぷりで、お子様やお年寄りにもおすすめです。

材料〔18本分〕

薄力粉（ふるっておく）…100g
黒いりごま…10g
塩…少々
きび砂糖…20g
米油…30g

A（混ぜ合わせておく）
- 水…小さじ2
- はちみつ…15g
- みそ…大さじ½

※オーブンは160度に予熱しておく。

作り方

1. ボウルに薄力粉、塩、きび砂糖、黒いりごまを入れ、米油を加えて混ぜる（小さな泡立て器で混ぜるとダマになりにくい）。
2. 1にAを加え、ポロポロとした生地がひとまとまりになるまでゴムベラで混ぜる。
3. オーブンの天板にクッキングシートを敷き、2の生地を置いて麺棒などで18cm × 18cmほどに延ばし、包丁で1cm幅の切り込みを入れる。
4. オーブンで10分焼いて取り出し、切り込み通りに包丁で切り離す。
5. 150度のオーブンでさらに約20分焼く。オーブンから取り出し、網にのせて粗熱が取れるまで冷ます。

クリームみそプリン風

熟成の浅いみそで作ることで見た目もやさしい1品に。
ゼラチンを使って作るお手軽レシピです。

材料〔2〜3人分〕

牛乳…1カップ
生クリーム…¼カップ
みそ…大さじ1
きび砂糖…25g
粉ゼラチン（水大さじ1でふやかしておく）…5g

作り方

1. 鍋に牛乳を入れ、中火で温め、みそときび砂糖を入れて溶かす。
2. 1に生クリームを加え、沸騰直前まで温めて粉ゼラチンを加え混ぜる。
3. 2をカップに注ぎ、冷蔵庫で冷やし固める。

みそ焼きいもアイスクリーム

市販のアイスクリームにみそと焼きいもを混ぜるだけで、
濃厚な風味に。和食のデザートにおすすめ。

材料〔**2人分**〕
焼きいも…中1本
バニラアイスクリーム（5〜10分ほど室温に置いておく）…2個（140ml × 2）
みそ…大さじ1
黒ごま…少々

作り方
1. 焼きいもは皮をむき、ボウルに入れ、フォークなどで潰してなめらかにする。
2. 1にみそとバニラアイスクリームを入れて混ぜる。
3. 器に盛り、黒ごまをふりかける。

みそ床

5倍麹みそで「漬ける」ことで食材のおいしさを引き出します。冷蔵庫に入れておけば、頼もしい常備菜になります。

ぬか床はご存じの方も多いと思いますが、食材を漬けるのにぬかではなくみそを使うのがみそ床です。

5倍麹みそのみそ床は、床に砂糖やみりんを加えることなく、ほとんど5倍麹みそだけで風味良く、おいしくなるのが魅力です。

わが家は野菜だけでなく、肉・魚や茹で卵なども漬け、冷蔵庫や冷凍庫で保存し常備菜にしています。肉などのたんぱく質は、5倍麹みその酵素（39ページ）の力で柔らかくなります。

また、5倍麹みそのみそ床は、漬けた食材を幅広く使うことができます。

例えば野菜なら、漬物として生で食べるのはもちろん、炒め物・みそ汁の具材にも使えます。食材のエキスが溶け出したみそも、みそ汁に使うことができますので、無駄がありません。肉や魚も、そのまま加熱して食べるのも良いですし、野菜同様に炒め物や汁物の具材として使っても良いのです。

漬ける方法は二つあります。一つはさらしを使って漬ける方法。もう一つは、食品保存用の袋を使って漬ける方法です。

さらしで漬ける

みその半量を保存容器に広げて、さらしを敷きます。
その上に切った野菜とお好みでスライスしたしょうがを並べます。
上にもさらしをかぶせてみそを広げ、
野菜を挟むようにして１日以上漬ければ完成です。

みそ漬けの作り方

◇野菜のみそ漬け〔作りやすい分量〕

5倍麹みそ…2カップ
しょうが（薄くスライスする）…1片
野菜…適量

作り方は85ページ参照。

◇豚肉のみそ漬け〔2人分〕

豚ロース肉…2枚（200g）

A
- みそ…大さじ3
- ごま油…小さじ1
- しょうが（薄くスライスする）…1片

1 ジッパー付きの食品保存用の袋に豚肉とAを入れ、空気を抜きながら閉じる。
2 袋の上から揉み込む。
3 冷蔵庫に入れて保管する。漬けてから2～4日が食べ頃。冷凍保存も可能。みそをこそげ取り、フライパンで焼いたり、電子レンジで加熱して食べても、切って野菜炒めに使っても良い。

◇魚のみそ漬け〔2人分〕

魚の切り身…2枚

A
- みそ…大さじ3
- はちみつ…小さじ1

1 魚はペーパータオルで水気を拭き取る。
2 1をジッパー付きの食品保存用の袋に入れて、両面にAを塗り、空気を抜きながら閉じる。
3 冷蔵庫に入れて保管する。漬けてから1～3日が食べ頃。みそをこそげ取り、グリルで焼いたり電子レンジで加熱して食べる。

◇鶏肉のみそ漬け〔2人分〕

鶏肉（もも・胸・ささみ）…200g
みそ…大さじ3

1 鶏肉の両面にみそを塗り、ジッパー付きの食品保存用の袋に入れて、空気を抜きながら閉じる。
2 袋の上から揉み込む。
3 冷蔵庫に入れて保管する。漬けてから2～4日が食べ頃。みそをこそげ取り、フライパンで焼いたり、電子レンジで加熱して食べても、唐揚げにしても良い。

みそ大さじ３で漬けたゆで卵。
漬けてから１〜３日が食べ頃。

食品保存用の袋で漬ける

袋に食材とみそを入れて馴染ませ、
空気を抜きながら閉じる。
袋の上から揉み込み、冷蔵庫で保管する。

第四章

みそがつなぐわが家の食

米麹を作るための木桶と、大豆を煮る釜。
木桶は大正時代から使われていたものを、
母が受け継ぎ使い続けてきたもの。

米麹から仕込んで作る実家のみそが
私の5倍麹みその原点です。
食の楽しさと健康をつないでくれた
みそ作りについて、お話ししたいと思います。

原点は農家の母が作るみそ

私のひと世代前は、家庭でみそを作るのは当たり前でした。私も農家の母が作るみそを食べて育ちました。

実家のみそ作りは、手作業で米麹を作るところから始まります。木桶に蒸し煮した米を入れ、種麹を散布して種付けをします。「おくどさん」と呼ぶ土間で、大きい釜で大豆を煮る。煮豆は手で一粒一粒すり潰していたそうですから、大変な重労働だったと思います。

母に、農家に嫁いだ20代の頃の話を聞いてみると、みそを仕込む4日間は、生まれたての赤ちゃんのお世話をするのと同じくらい大変で、1日中目を離すことができない真剣勝負だったそうです。1年分の貴重なみそを仕込むこの時期は、緊張して眠れない日もあったと言います。

母とみそについて語り合うのは
初めてです。

これが実家のみそ。昆布や唐辛子が入っています。

母が兄嫁に教わったみそ作りはこのノートにみっちりと書かれていました。

この細長い入れ物が、今も母が1年分のみそを仕込む甕《かめ》で、元々は父の実家から譲り受けたものだそうです。

そんな甕で仕込まれたみそを使った思い出深いわが家のみそ料理といえば、毎年父が元旦に作ってくれた「かしら芋のお雑煮」。

子供の頃は拳の大きさのかしら芋を頬張るだけで精一杯でしたが、両親の愛情がたっぷり詰まった雑煮の優しい香りとおいしさは、今でも懐かしく思い出します。

みそが育んでくれたもの

実家近くに住む従兄弟の五兵衛さんは、50年間農園料理の店を営んでいます。草や木や土などの自然を身近に感じながら里山で採れたものを食べてもらいたいと始めたお店です。

私も子供時代、この里山でお芋掘りなどを手伝い、みそを使ったさまざまな料理をいただきながら、従兄弟の「食」へのこだわりを近くで見てきました。今、私は日本各地でみそ作りを教えていますが、この活動の原点は、色々な方から影響を受け育んでもらった中で生まれてきたものなのだなぁと感じます。

母の時代ほどではありませんが、みそ作りは手間ひまのかかる仕事と思われるかもしれません。それでも5倍麹みそがあれば、毎日のごはん作りが驚くほど楽しくなり、どんなお料理も「わが家のごちそう」になります。

本書をきっかけに、皆さんがみそ作りに末永くチャレンジされることを願っています。

本家を継ぎ、今は農園料理の店を営む従兄弟の五兵衛さんと思い出話をしながら里山を歩きました。

熱湯を入れると、木肌を通じて麹にとっての適温になるというこの道具は、かつて酒蔵で使われていたものだそうです。

父の実家があるこの里山で収穫したばかりの野菜とみそを使ったお料理をお腹一杯いただきました。

監修者

井上浩義（いのうえ・ひろよし）

1961年生まれ、福岡県出身。慶應義塾大学医学部教授、理学博士、医学博士。専門分野は薬理学、生理学。平成22年度科学技術分野の文部科学大臣表彰。食や健康についてのわかりやすい解説に定評があり、テレビ・新聞・雑誌など各メディアでも活躍中。

著者

松田敦子（まつだ・あつこ）

1962年生まれ、大阪府出身。上級みそコンシェルジュ、発酵コンシェルジュ、日本予防医学会認定予防医学指導士、日本抗加齢医学会正会員、食生活アドバイザー、栄養士、京都府認定きょうと食いく先生。京都を中心に自然発酵のみそ作りを20年以上伝え続け、これまで約2万人にみそ作りを伝授した。

STAFF

レシピ考案	松田敦子
料理制作	株式会社 Smile meal
スタイリング	木村遥
カバー・表紙デザイン	Tokyo 100millibar Studio Inc.
本文デザイン・DTP	FUKI DESIGN WORKS
撮影	齋藤誠一

毎日食べたい **5倍麹みそ**

2023年1月26日 初版発行

著　　者	松田敦子
監 修 者	井上浩義
発 行 者	花野井道郎
発 行 所	株式会社時事通信出版局
発　　売	株式会社時事通信社
	〒104-8178 東京都中央区銀座5-15-8
	電話03（5565）2155　https://bookpub.jiji.com

編集担当　井上瑶子
印刷／製本　日経印刷株式会社

ISBN978-4-7887-1863-0 C2077　Printed in Japan